大科学家讲小科普

动物王国大解密

匡廷云 黄春辉 高 颖 郭红卫 张顺燕 主编

吕忠平 绘

吉林科学技术出版社

图书在版编目（CIP）数据

动物王国大解密 / 匡廷云等主编. — 长春 : 吉林
科学技术出版社, 2021.3
　　（大科学家讲小科普）
　　ISBN 978-7-5578-5158-3

　　Ⅰ.①动… Ⅱ.①匡… Ⅲ.①动物－青少年读物
Ⅳ.①Q95-49

中国版本图书馆CIP数据核字(2018)第231224号

大科学家讲小科普　动物王国大解密
DA KEXUEJIA JIANG XIAO KEPU　DONGWU WANGGUO DA JIEMI

主　　编	匡廷云　黄春辉　高　颖　郭红卫　张顺燕
绘　　者	吕忠平
出 版 人	宛　霞
责任编辑	端金香　李思言
助理编辑	刘凌含　郑宏宇
制　　版	长春美印图文设计有限公司
封面设计	长春美印图文设计有限公司
幅面尺寸	210 mm × 280 mm
开　　本	16
字　　数	100千字
印　　张	5
印　　数	1-6 000册
版　　次	2022年11月第1版
印　　次	2022年11月第1次印刷

出　　版　吉林科学技术出版社
发　　行　吉林科学技术出版社
地　　址　长春市福祉大路5788号出版集团A座
邮　　编　130118
发行部电话/传真　0431-81629529　81629530　81629531
　　　　　　　　　　　81629532　81629533　81629534
储运部电话　0431-86059116
编辑部电话　0431-81629516
印　　刷　吉广控股有限公司

书　　号　ISBN 978-7-5578-5158-3
定　　价　68.00元
如有印装质量问题　可寄出版社调换

序

　　本系列图书的编撰基于"学习源于好奇心"的科普理念。孩子学习的兴趣需要培养和引导，书中采用的语言是启发式的、引导式的，读后使孩子豁然开朗。图文并茂是孩子学习科学知识较有效的形式。新颖的问题能极大地调动孩子阅读、思考的兴趣。兼顾科学理论的同时，本书还注重观察与动手动脑，这和常规灌输式的教学方法是完全不同的。观赏生动有趣的精细插画，犹如让孩子亲临大自然；利用剖面、透视等绘画技巧，能让孩子领略万物的精巧神奇；仔细观察平时无法看到的物体内部结构，能够激发孩子继续探索的兴趣。

　　"授之以鱼不如授之以渔"，在向孩子传授知识的同时，还要教会他们探索的方法，培养他们独立思考的能力，这才是完美的教学方式。每一个新问题的答案都可能是孩子成长之路上一艘通往梦想的帆船，愿孩子在平时的生活中发现科学的伟大与魅力，在知识的广阔天地里自由翱翔！愿有趣的知识、科学的智慧伴随孩子健康、快乐地成长！

元宇宙图书时代已到来
快来加入XR科学世界！
见此图标 微信扫码

前　言

　　植物如何利用阳光制造养分？鱼会放屁吗？有能向前走的螃蟹吗？什么动物会发出枪响似的声音？什么植物会吃昆虫？哪种植物的叶子能托起一个人？核反应堆内部发生了什么？为什么宇航员在进行太空飞行前不能吃豆子？细胞长什么样？孩子总会向我们提出令人意想不到的问题。他们对新事物抱有强烈的好奇心，善于寻找有趣的问题并思考答案。他们拥有不同的观点，互相碰撞，对各种假说进行推论。科学家培根曾经说过"好奇心是孩子智慧的嫩芽"，孩子对世界的认识是从好奇开始的，强烈的好奇心会激发孩子的求知欲，对创造性思维与想象力的形成具有十分重要的意义。"大科学家讲小科普"系列的可贵之处在于，它把看似简单的科学问题以轻松幽默的方式进行深度阐释，既颠覆了传统说教式教育，又轻而易举地触发了孩子的求知欲望。

本套丛书以多元且全新的科学主题、贴近生活的语言表达方式、实用的手绘插图……让孩子感受科学的魅力，全面激发想象力。每册图书都会充分激发他们的好奇心和探索欲，鼓励孩子动手探索、亲身体验，让孩子不但知道"是什么"，而且还知道"为什么"，以极具吸引力的内容捕获孩子的内心，并激发孩子探求科学知识的热情。

目 录

第1节　令人诡异的生存法则 / 14

第2节　动物的共生与繁殖 / 24

第3节　动物是怎样交流的 / 32

第4节　万千变化的爬行世界 / 40

第5节　令人意外的海洋生物 / 46

目　录

第6节　小昆虫的大世界 / 56

第7节　动物的智慧是无穷的 / 62

第8节　你见过死而复生的动物吗 / 68

第9节　你意想不到的"狼角色" / 72

▶ 虎猫奇妙的诱捕行动

动物为了猎食会使用各种招数，有的猫科动物喜欢模拟猎物的叫声来诱杀猎物。

聪明的小猴子是不会上当的！

动物们的智慧真是让人难以想象！

在巴西丛林里，虎猫能够模拟杂色绢毛猴幼崽的叫声，来迷惑成年猴子们。当猎物从藏身处出来时，虎猫立刻进行猎杀。

▶ 刺猬也会怕臭屁

刺猬遇到敌人会缩成一个刺球，食肉动物对它无从下嘴，只好扫兴而去。而当遇到了黄鼠狼，刺猬就没有办法了，因为黄鼠狼肛门里的臭腺能分泌出大量的臭液。

⧉ 扫码领取

- ⊘ 科学实验室
- ⊘ 科学小知识
- ⊘ 科学展示圈
- ⊘ 每日阅读打卡

天啊，怎么这么臭？黄鼠狼来了吗？

不好意思，中午多吃了些。

刺猬对这种臭液难以抵挡，即使它缩成刺球，黄鼠狼一样能找到缝隙将臭液喷入其中。刺猬被臭液麻醉后不得不摊开手脚，成为敌人的美餐。

▶ 松鼠竟然会吃蛇

很难想象，外表可爱的松鼠也有凶猛的一面。在我们的认知里，松鼠是植食性动物，最爱吃果子、种子、蔬菜等。但其实松鼠饿到极点的时候也会吃肉，小昆虫、蛋、山雀的雏鸟，甚至凶猛的蛇等，一概来者不拒。

在非洲偶尔能看见饥饿的松鼠捕蛇。松鼠用咬合力十足的门牙死死地咬住蛇的身体，利用自己尖锐的爪子撕掉蛇身上的肉。蛇会疼得嘶嘶作响，企图用尖牙去攻击松鼠，或者用身体缠住松鼠。然而这一切只是徒劳，松鼠吃到一大块肉以后早已逃之夭夭了。

▶ 天生的捕鱼能手——水涯狡蛛

　　大自然无奇不有，有一种蜘蛛不织网捕食昆虫，而是专门捕鱼。这种蜘蛛叫作水涯狡蛛，是盗蛛科狡蛛属的动物，捕食时有强盗般的特性，一般分布在中国河北等地。

我可再也不敢小瞧这满腿毛的蜘蛛了。

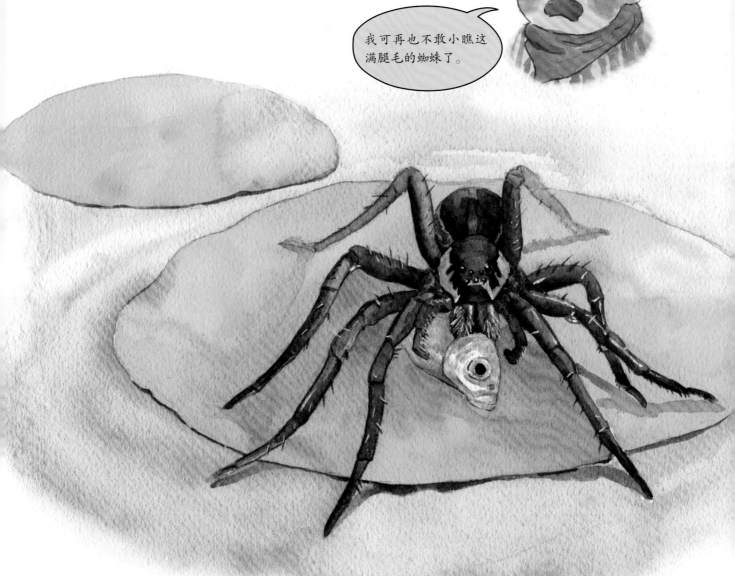

　　水涯狡蛛习惯栖息在水边，有较强的潜水能力，有时能潜入水中数小时，有"潜水杀手"的称号。它排泄的粪便落入水中形成涟漪，作为诱饵吸引鱼类，一旦有鱼上钩，它就突然偷袭，把致命的毒牙刺入鱼体，随后把鱼拖到岸上享用。

动物的尾巴是身体的一部分，负责很重要的工作，有的可以抓握东西，还有的可以用来维持身体的平衡。快来看看动物尾巴各种不同的功能吧。

▶ 尾巴的妙用

蜘蛛猴的尾巴像手一样灵活，被称为"第五只手"。蜘蛛猴尾巴的尖端有一道道皱纹，使尾巴与物体接触时不易打滑，这样它们就能放心地用尾巴吊挂在树上荡来荡去或抓取东西了。

松鼠尾巴的大小和身体差不多。松鼠在爬树、跳跃时，尾巴能保持身体的平衡。此外，松鼠有时也会挥动尾巴，向同伴发出危险来临的警告。

　　响尾蛇能用尾巴末端发出的哨音来警告对方。有些响尾蛇每蜕一次皮，尾部的响环就会增加一节，在气流的冲击下，这些响环构成的空腔会发出哨音。

河马用尾巴把粪便散布得更远，原来是在宣告这里是自己的领地。

　　狐狸睡觉时，用毛茸茸的尾巴把自己围起来，就像裹着大毛毯一样暖和。它们奔跑时能突然改变方向，也是尾巴可以保持身体平衡的缘故。

▶ 山羊会上树采食

在摩洛哥，时常会出现"树上长羊"的奇特景象，这是达鲁丹小镇独有的现象。原来这是因为当地的气候非常炎热干燥，寸草难生，山羊难以寻觅青草和水源。好在这里还生长着少量耐旱、耐高温的阿尔甘树，尽管这些树有 8 ~ 10 米高，但还是吸引着山羊上树去采食。

为了吃到树上甘甜可口的果子，山羊们练就了一身爬树的本领，能够在树上轻松攀登、跳跃，甚至站立在枝头上，所以在这里时常可以看见大树上"长"着数十只山羊的情景。

阿尔甘树的果核能够提炼出珍贵的阿尔甘油，故而牧羊人会跟随在山羊后面，随时捡拾从山羊嘴里掉落到地上的阿尔甘果核。山羊排泄的粪便也不可错过，可在其中搜寻到山羊还未消化的果核。这种奇特的财富给摩洛哥带来了巨大的经济效益。

　　许多动物和人类一样长有一双眼睛，但事实上它们眼中看到的世界和我们大不一样。每一种动物都有自己独特的处理视觉信息的方式，这有利于它们捕食与生存。

　　色彩视觉对许多动物并不重要，特别是非灵长类动物。研究表明，大多数哺乳动物是色盲，眼里的景物只有几种颜色，就像看一张破旧的老照片。

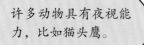

许多动物具有夜视能力，比如猫头鹰。

　　猫头鹰和夜莺是夜间捕杀猎物的佼佼者。这是因为它们拥有的视杆细胞（感受明暗的细胞）比较多，所以在夜晚也能较为清晰地看到大部分景物。

▶ 动物的真假眼睛

　　有些毛毛虫身上有眼睛一样的斑纹，让弱小的虫子看起来像一条小蛇，这是它用来恐吓天敌的招数，并不是真正的眼睛。它们真正的眼睛非常小，离口鼻部很近，几乎看不见。毛毛虫的眼睛仅仅能分辨明暗，以帮助它们避开炽热的阳光。

　　有些海洋生物没有长出肉眼可辨的眼睛，但这一点儿也不妨碍它们感光视物。比如，柔软的海绵看不到眼睛，因为它的感光细胞在每个触手的顶端。

有一种生活在海里的鮟鱇鱼，它的吻上有一条长而柔软的鳍棘，就像一根"鱼竿"，在"鱼竿"的顶端还吊着一个小囊状的皮瓣，这是它独有的诱捕器。

鮟鱇鱼常潜伏在海底的沙土里，仅伸出"鱼竿"引诱在附近游动的小鱼。一旦"鱼竿"把小鱼吸引到附近，鮟鱇鱼就张开大嘴迅速地把小鱼吞食下去。这种独特的捕鱼方式让它被人们称为"深海渔夫"。

"深海渔夫"能发出老人咳嗽的声音，因此，人们也称它为"老头鱼"。

有种鮟鱇鱼身长达1.5 米。它的胸部长有一对像手臂一样的大鳍，可以撑起身体，它常借助这对胸鳍在海底做跳跃运动。

▶ 卵胎生的奇怪动物

动物一般都是通过产卵或直接产下幼崽来繁衍后代的，但也有一部分生殖方式独特的动物。一般而言，哺乳动物都是胎生。但是，鸭嘴兽却与众不同，它是先产卵，孵化后再用乳汁哺育后代。

鸭嘴兽有着扁平的尾巴，趾间有蹼，能在水中自如游动，用类似鸭嘴的宽喙寻找水里或淤泥中的食物。到了繁殖期，雌性鸭嘴兽在高出水面的地方挖出一个弯弯曲曲的洞穴，将卵产在里面，一般一次产 1 ～ 3 枚。经过 10 ～ 12 天，幼崽便被孵化出来了。

鸭嘴兽身上有200多个小腺体，所有腺体的导管均汇集于腹部皮肤的一个特定位置，形成敞开的乳腺区。乳汁从靠毛鞘的开口处——哺乳区分泌出来，沿着体毛淌下来，小鸭嘴兽只能舔食，而不能像其他哺乳动物那样，将乳头含在嘴里吸食乳汁。

鸭嘴兽这样既像爬行动物一样产卵，又以哺乳的方式来养育后代的哺乳动物，在动物起源研究上具有特殊的身份，被认为是爬行类动物向哺乳类动物进化的过渡动物，属于单孔目，是哺乳动物中最原始的一类。

五彩鳗

▶ 可以转换性别的神奇鱼类

在海洋里，有许多鱼既可以当爸爸，又可以当妈妈。比如红绸鱼，总是会有一条首领雄鱼带领着雌鱼们活动，如果这条雄鱼遭遇了不测，雌鱼群里最大的那条就会自动转变为雄鱼。这种鱼类特有的神奇变性现象，科学上称为"性逆转"。

这种美丽的五彩鳗，一生要经历4次体色改变和3次性别改变呢！

所有的雌性小丑鱼都是由雄性小丑鱼转变而来的。它们喜欢生活在海葵里，鱼群会有一只雌性、一只雄性和许多幼鱼。雌鱼负责保护巢穴，并防止同住的雄性转变。当巢内雌性缺失时，雄性就会转变成雌性。这种转变是不可逆的，一旦它变成了雌性，就不能再次转变为雄性了。

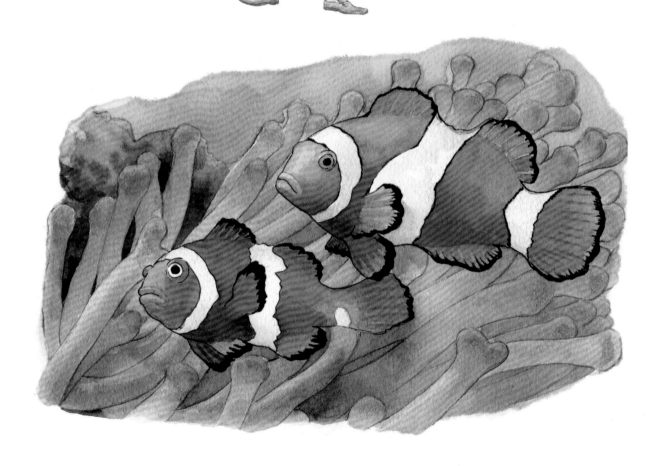

在城市里，除了常见的野鸟、老鼠，还有许多隐藏在暗处的野生动物。比起自然家园，这些野生动物在钢筋水泥的"丛林"里也能游刃有余地生存下去。

也许在你家后巷的垃圾桶旁，就有觅食的小浣熊或者狐狸。

在美国科罗拉多州的维尔市，就经常有熊光顾居民们的厨房。它们会偷吃所有能吃到的美食。而人们往往因为恐惧它们，只能祈祷这个大家伙吃光东西后快点儿离开。

许多生活在城市中的动物甚至改变了自己原本的天性。在秘鲁的城市中，秃鹫等食肉动物不再只吃腐肉了，它们在垃圾场里找到什么吃什么，无论蛋糕、肉、水果，还是酸奶，统统来者不拒。

促使动物来到城市的主要原因就是食物。露天的垃圾桶、大量散落的食物……都让城市变成了一个打开的食物盒子。而且城市的扩张也不可避免地把一些原本属于动物的地盘纳入其中。

看呀，那儿竟然有一只野兔！

大概是汤的香味把它吸引来了。

然而在城市生存的危险也不少，环绕城市的马路，是动物的噩梦。要教会野生动物看信号灯过马路显然是一件不太可能的事情，所以有些谨慎的动物放弃了在白天行动，只在半夜里车辆稀少的时候进行觅食活动。

▶ 爱"刷牙"的动物

动物也要"刷牙"吗？当然了。不过动物们会请专门的"牙科医生"上门服务，这些"医生"往往充当"活牙刷"的角色。比如，埃及鸻就是专门帮鳄鱼将牙齿中的食物残渣剔除掉的"医生"。

> 这种小鸟在鳄鱼的大嘴里不断进出，胆子可真不小！

> 当然了，鳄鱼还得好好配合，不敢合嘴。不然下回"牙医"就再不肯登门服务了。

海洋里的大鱼同样享有这项服务。小藻虾就是极为著名的"深海牙医"，它们会为大鱼清理鱼鳃及身体表面。而鲨鱼和石斑鱼，是清洁鱼的专有客户，它们会让小鱼游进嘴里，将口腔里的食物残渣清理得一干二净。

丛林里的猛兽却不太需要"牙医"，这是因为它们天生牙缝很宽，对食物也没有耐心细嚼慢咽。狮子、老虎喜欢大口大口地吞食，这样剩下的食物残渣就很少了。

▶ 蚂蚁与金合欢树的互利合作

　　金合欢树生长在肯尼亚的草原上，这种金合欢树身上有寄住的蚂蚁——含羞草工蚁。它们可是合作无间的好朋友。蚂蚁喜欢居住在金合欢树的空心刺上，最爱享用树叶尖分泌的甜甜的树汁。

　　每当有别的害虫或者动物来攻击金合欢树时，蚂蚁便会不顾一切地发起攻击。比如，天牛最喜欢在金合欢树上钻洞，蚂蚁就会把天牛的幼虫吞食殆尽；当大象或长颈鹿来啃食树叶时，蚂蚁又会释放毒液到它们身上，令其灼痛不已，赶快逃走。

金合欢树为蚂蚁提供安身之所，所以当金合欢树受到侵害时，蚂蚁便会奋起抗击。

这是一种很有意义的"互利共生"关系。

▶ 有些鱼的"舌头"是寄生虫

在墨西哥有些笛鲷的舌头位置，寄生着缩头鱼虱，也被称为"食舌虱"。这种长得像史前怪物的甲壳虫悄悄地从鱼鳃进入鱼的口腔，然后强行依附在鱼的舌头上，通过汲取舌头上的血液和黏液来生存。

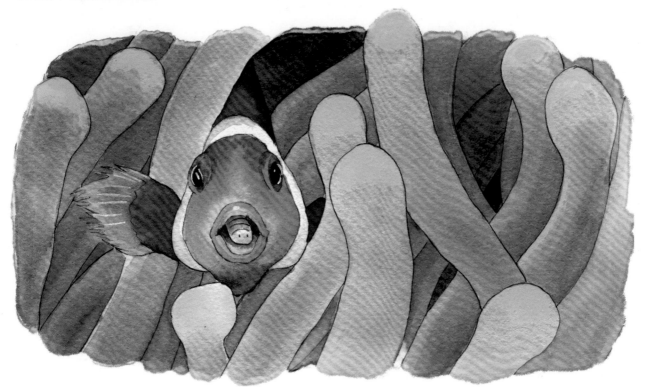

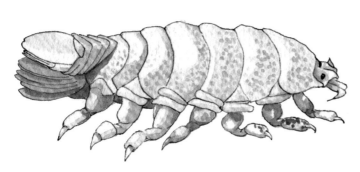

随着缩头鱼虱越长越大，鱼舌会渐渐萎缩，最后完全被缩头鱼虱取代，但是，这些鱼的正常进食不会受到影响，还可以把缩头鱼虱当成"自己的舌头"来使用。这种完全取代宿主器官的特别寄生模式，是目前世上已知的唯一例子。

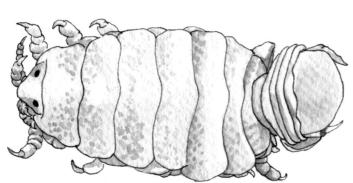

真是一种可怕又丑陋的寄生虫！

· 31 ·

第 **3** 节　动物是怎样交流的

▶ 臭烘烘的麝牛用了什么香水

世界上许多昂贵的香水里面都有麝香成分。人们需要花大价钱买香水，可有些动物天生就自带麝香。

雄性麝牛两角之间的腺体就是一家小小的"香水作坊"。腺体中产生的麝香是一种深褐色的胶状分泌物，含有大量油脂。这种香味只有在发情期才能产生，是麝牛用来吸引异性的芳香体味。

直到今天，麝香都只能从动物身上提取，所以价比黄金。

除了麝牛，还有一种长得像小鹿样的动物也拥有麝香，那就是麝。麝香只有在雄性动物身上才有，在发情期它们肚脐下的香囊就会分泌麝香，用特殊的香味吸引异性来交配繁殖。

▶ 动物妈妈的气味辨认法

　　同种类的动物都长得很像，在群居的时候，动物妈妈到底是怎么在一群幼崽里面准确找到自己宝宝的呢？对于动物妈妈来说，自己孩子身上的气味是与众不同的，所以气味在辨识过程中尤为重要。

　　海狗宝宝在刚出生的时候就开始呼唤妈妈。海狗的声音非常特别，妈妈认准了孩子的声音之后，接下来的几小时，海狗宝宝会学着熟悉妈妈身上的特殊气味。

还要嗅一嗅？
真是够复杂的！

　　羊妈妈在寻找孩子的过程中也是依靠声音和气味这两个渠道。它会不断地用特定的频率来呼唤自己的孩子，小羊羔会"咩咩"地回应妈妈的呼叫。母子俩彼此慢慢靠近，最后用鼻子来嗅对方的身体，通过气味来进行确认。

▶ 当动物做出这些动作时就要当心了

蛇用"嘶嘶"声来表示自己正极度不安，准备攻击，而响尾蛇更会发出特别的警告。

响尾蛇体呈黄绿色或褐色，背部具有菱形黑褐斑，与环境高度契合，难以被发现。遇到危险时，靠包裹在尾巴末端的中空串珠发出警报。在受到惊吓时，它会晃动尾巴发出沙锤声，这是在警告入侵者，往往在对方吓一跳时趁机逃走。

非洲象性情温和，但是在感到幼崽有危险时，它们会变得非常具有攻击性。它们会向前张开耳朵，目不转睛地盯着对手，四肢不间断地轮换跺着地面。这就是警告和进攻的信号，一般都会将对手吓退。

> 动物生气时的表现方式和人类有很大区别，我们只能通过观察它们的行为来判断。

河马有个大嘴巴，嘴巴使劲张开的时候可不是在打哈欠，这代表着它很生气，张开嘴巴是为了炫耀它那厉害的大牙齿。

河马也有可能伤害人。

狒狒不满的表情很明显，它在不高兴时就会向后仰头并张大嘴巴，同时露出两排锋利的牙齿，发出巨大的吼声。其他狒狒听到吼声以后，就知道这是准备发起攻击的信号，便一哄而散。

▶ 不高兴就吐你一脸口水的美洲驼

美洲驼生活在南美洲，浑身长着珍贵的皮毛。它们个头不高，样子可爱。这种哺乳动物性情温顺，但在受到惊吓的时候也会生气。生气时它会竖起耳朵，直直地瞪着讨厌的对象，然后把口水吐到它的脸上。

美洲驼非常温顺，但却本能地讨厌犬科动物。这估计是在先祖时期常被狼群威胁的缘故，所以美洲驼一看见狼或者狗，就会向族群发出特殊的声音进行预警，然后冲向敌人，尥起蹄子猛踹。

美洲驼非常聪明，在负载过重或力竭时，会躺下嘶叫喷唾沫，拒不前行。

我刚刚就被它用口水洗了脸！

▶ "盖房娶妻"的招潮蟹

　　招潮蟹生活在热带海滩，雄蟹长有一对大小悬殊的螯。这种小螃蟹总会做出舞动大螯的动作，好像在和潮汐打招呼，因此被称为招潮蟹。

　　招潮蟹经常用颜色鲜艳的大螯威吓敌人。如果大螯不幸断了，原处会长出一个小螯。

　　雄性招潮蟹会在沙滩上用沙子筑起一些"小房子"。到了繁殖季节，雄性招潮蟹会在自己的建筑物面前，高举大螯传情达意，招呼着往来的雌性光顾自己的小屋。

▶ 昆虫里的"小夜灯"——萤火虫

萤火虫是许多人喜爱的发光昆虫。它们身上的荧光可不是为了漂亮或者找路，而是与同类联系交流的"语言"。雄虫会按照精准的时间间隔打出"亮—灭—亮—灭"的联络信号，这是它的求偶"灯语"。

雌性萤火虫接收到"灯语"后，也会发出对应的闪光来回应。"灯光信号"交流后，它们就会飞到一处安静的地点相会。有一些雄虫还会模仿雌虫的"灯语"，把竞争对手骗走，或者在别人交流的时候强行"闪灯"打断。

萤火虫依靠昼夜交替来精准调校自己身上的"灯光"，每当白天太阳的光线照射到它的眼睛时，它的脑中就会发出信息，让荧光不再闪烁了。

▶ 鲸鱼居然会"唱歌"

　　在鲸鱼出没的海洋里，经常会传来一片嘹亮绵长的叫声，带着某种韵律，那是鲸鱼在"唱歌"。鲸鱼的歌声可以持续 6 ~ 30 分钟，在不同的季节，歌声会有所变化。最常见的是在繁殖期里，雄性座头鲸用歌声来吸引雌性。

　　鲸鱼的歌声还能用来进行回声定位。在游动的过程中，它们通过"唱歌"来辨识海底的礁石或海山，最远能达到 480 千米左右。如果确定前方有障碍，鲸鱼会以一种特有的歌声告诉同伴。

　　海洋生物学家对座头鲸的歌声进行了数据分析，在座头鲸发出不同的歌声中找到反复出现的声音元素，并找到了这些元素排列的规律，结果发现歌声中包含类似人类语言的语法。

▶ 随心所欲的变色龙

变色龙如果停留在一朵七色花上，身体会变成七种颜色吗？显然不会。变色龙的体色有时会变得和环境相像，有时却会更加明显。变色龙皮肤里含有特殊的色素细胞，里面有黄色和黑色的色素粒。这些细胞是不断移动的，所以造成了变色龙的身体能变化成不同颜色，而影响这些色素粒运动的是光线与气温的变化。

人类至今也没有搞清楚变色龙在变色过程中的细节，哪怕是回放纪录片逐帧去观看，也只是觉得不知不觉间它的颜色就改变了。这是因为在人类的视觉中有识别不了的颜色变化。

▶ 在蛋壳里就会叫的鳄鱼幼子

鳄鱼妈妈产下蛋后，鳄鱼幼子要在蛋中经历 60 ~ 70 天才能进入孵化期。临近孵化期时，能听见鳄鱼蛋内有嘈杂的声音，那是幼子在蛋内发出的声音。

鳄鱼妈妈会把幼子叼起来，放到附近的河里，然后一只一只地给它们洗澡。

鳄鱼妈妈听见叫声，就会拨开巢的覆盖物，用牙咬破蛋壳，把幼子放出来。而有些等不及的鳄鱼幼子会用自己的牙齿从里面把蛋壳啄破，努力来到这个世界。

扫码领取
- 科学实验室
- 科学小知识
- 科学展示圈
- 每日阅读打卡

▶ 恐龙的头冠能预警

　　副栉龙有着扁平的喙部，头顶上长着巨型的骨质头冠。这个中空的头冠是副栉龙的"号角"，能发出类似长号的低沉声音，以此来吸引异性和呼唤同伴。这是由于副栉龙的头冠连通鼻腔，包含了蜿蜒曲折的鼻音结构。当副栉龙振动鼻腔向头冠吹气时，头冠就像乐器一样发出声音，以完成与其他同伴之间的交流。

　　在遇到敌人时，副栉龙会用头冠发出可怕且低沉的吼叫声，对侵犯它领地的其他动物发出警告，并向同伴发出预警。

▶ 角蜥惊人的防御机制

　　角蜥生活在沙漠地区，身体只有 7.5~12.5 厘米，头部长着三角形棘刺。它主要捕食蚂蚁、蜜蜂等小昆虫。虽然自然界中的天敌给角蜥带来了巨大的威胁，但小小的角蜥在面对狼等天敌时，往往有独门的制胜办法。

　　当角蜥遇到狼或其他敌人时，会使头部的血压瞬间上升，从而增大眼皮周围毛细血管的压力，最终导致血管开裂，并喷射血液，射程甚至能达 2 米远。

这种血液有毒，会对哺乳动物造成伤害。

▶ 似蛇非蛇的蛇蜥

　　蛇蜥的外形和蛇极其相似，唯一的区别就是它长着四肢，所以又被叫作"四脚蛇"。有些蛇蜥更是连四肢都退化了，和蛇的外观难以分辨，所以被叫作"蛇蜥"。

　　蛇蜥属于夜行性动物，数量稀少且喜隐秘，很难见到。它有耳朵，会眨眼，而且腹部有多行与背鳞相似的鳞片，这些是区分它与蛇的重要特征。蛇蜥的主食是昆虫，跟其他蜥蜴一样，遇到危险的时候会自断尾巴。

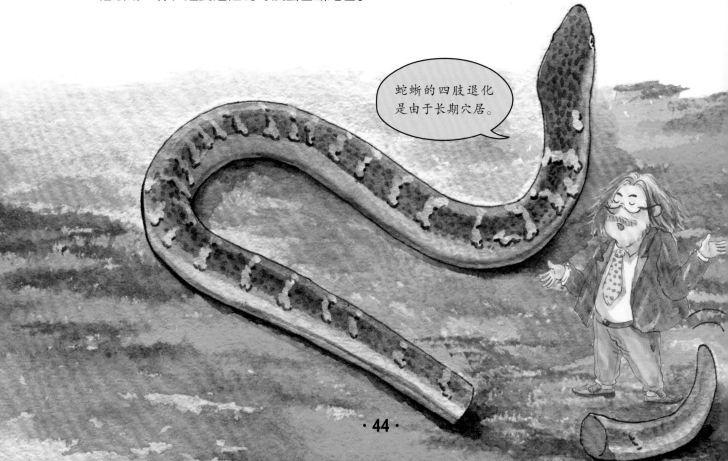

蛇蜥的四肢退化是由于长期穴居。

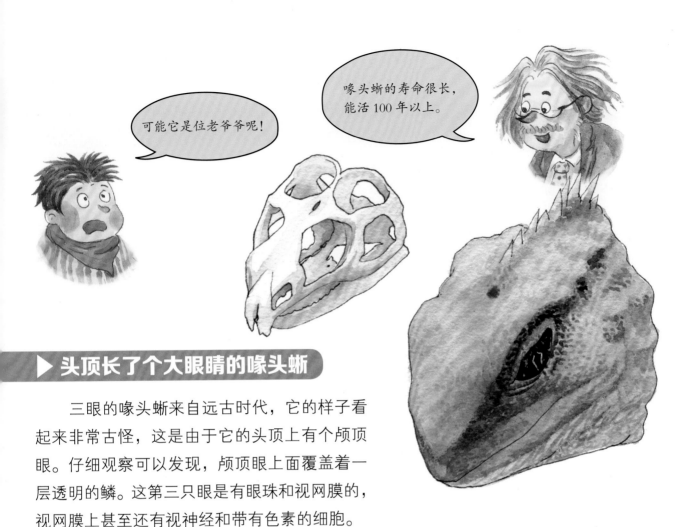

可能它是位老爷爷呢!

喙头蜥的寿命很长，能活 100 年以上。

▶ 头顶长了个大眼睛的喙头蜥

三眼的喙头蜥来自远古时代，它的样子看起来非常古怪，这是由于它的头顶上有个颅顶眼。仔细观察可以发现，颅顶眼上面覆盖着一层透明的鳞。这第三只眼是有眼珠和视网膜的，视网膜上甚至还有视神经和带有色素的细胞。

现在人们还没有研究出来它的颅顶眼是否真的能看清东西。人们推测，在远古的时候，这只眼很可能是专门用来观察上方的。但可以肯定的是，喙头蜥的颅顶眼能根据光线变化区分明暗。

▶ 海洋里的"建筑大师"

形形色色的海螺壳是海螺精心设计的住宅，它们依靠着这种既小又轻的"移动住房"四海为家，在各种严酷的自然环境中生存。螺壳能御寒、防热，还能躲避敌害，实在是一件奇妙的建筑杰作。螺壳结构非常考究，分外、中、内三层。外层由彩色角质层构成，壳面有漂亮的花纹；厚厚的中层是由方解石构成；内层为了贴紧主人柔软的身体，设计得非常轻薄、光洁，由文石构成的。

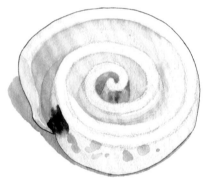

海螺壳的外观和薄厚程度由所处环境决定，在多礁石的岸边，为避免壳磨损就长得很厚实；在满是淤泥的海底，壳口和壳体则长出许多刺，这样就不会陷进淤泥里了。

某些海螺的足后端有一个钙质的门壳盖，当遇到不速之客侵扰时，会立刻缩回房子里关起大门来保护自己。可这却防不住寄居蟹，它们往往等待海螺死掉以后，霸占漂亮的螺壳。

▶ 奇趣怪异的小"海猪"

在深海里，有一种圆滚滚、粉嘟嘟的小生物，喜欢栖息于深海海床上。它是海参的亲戚，人们叫它"海猪"。

海猪身体里充满了水，外面只有一层皮包裹着。它的呼吸、排泄、运动等都依赖于体内复杂的水管系统，所以海猪非常脆弱。尽管它们的皮肤里有毒素，却无法抵御寄生虫的侵害。

海猪属于管足动物，长有许多短触手，这是它捕食的工具。当深海里下起"海洋雪"时，海猪会捕获其中的有机物质，用触手推送到嘴里。

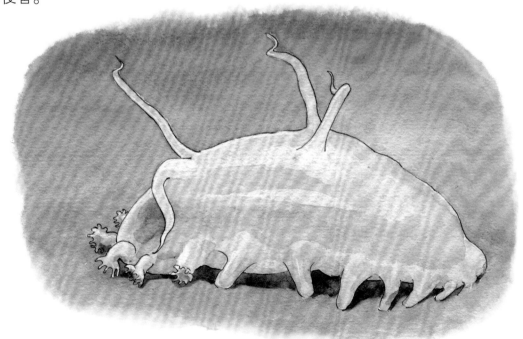

▶ 在鲸鱼背上旅游的藤壶

在鲸鱼浮出水面的时候，会发现它的背上有着一粒粒细小的像斗笠一样的东西，那是本该生活在海岸边的藤壶。藤壶属于甲壳类动物，幼小时会在海洋里漂浮，但是长大以后就只能终生粘在一个地方生活。

藤壶怕太阳，它的外壳上有一个盖板，在涨潮时盖起来，能储存一定的水分湿润身体。如果退潮前太阳把藤壶身体里的水分全都蒸发掉的话，它就活不下去了。

藤壶最喜欢的是身躯庞大的鲸鱼。遇到鲸鱼时，它们会马上从身体里分泌出一种吸附力很强的物质，在鲸鱼背上固定住自己，跟随鲸鱼一生。

在加拿大不列颠哥伦比亚省的温哥华岛上，这里风景优美，栖息着一种与众不同的海岸狼。它们世世代代在海边生活，很擅长捕鱼。海岸狼体形瘦小轻盈，这是由它们的饮食菜单决定的。

每到就餐时，它们齐齐跳进大海游泳捕食。海岸狼对海里的生物几乎来者不拒，鱼、鱼卵、贝类等，其中，最合胃口的是三文鱼，占据了海岸狼1/4 的食物量。

海岸狼很善长游泳，一次能游几千米的距离。这是因为在某些季节，鱼类的数量会减少，于是海岸狼会在岛与岛之间穿梭觅食。

▶ 饱含深爱的换子抚养

　　5月是淡水鱼类交配的季节，鳑鲏们也要产卵了。雌性鳑鲏并没有把鱼卵产在水草丛里或是河底的石头缝隙中，而是找到一个在泥沙中露出半个身子的河蚌，把输卵管插进了河蚌身体里产下鱼卵。

鱼卵在河蚌的身体里被雄性鳑鲏受精后，小鳑鲏一个月后就会在河蚌的身体里孵化出来，这个时候的它们已经具备了一定的生存能力了。

　　其实，鳑鲏妈妈是为了让孩子们安全长大，才把鱼卵交给河蚌保存的。鱼类对鱼卵的保护能力很弱，为了确保孩子们不会成为捕食者的腹中餐，鳑鲏只有利用河蚌坚硬的外壳保护鱼卵，小鳑鲏才能顺利地孵化长大。

有趣的是，在鳑鲏产卵的时候，河蚌同样把自己的孩子送给了对方。刚孵化出来的小河蚌叫作钩介幼虫，身长只有 4 毫米。它们利用一条细细的鞭毛和壳两边的小钩，紧紧勾缠住鳑鲏。

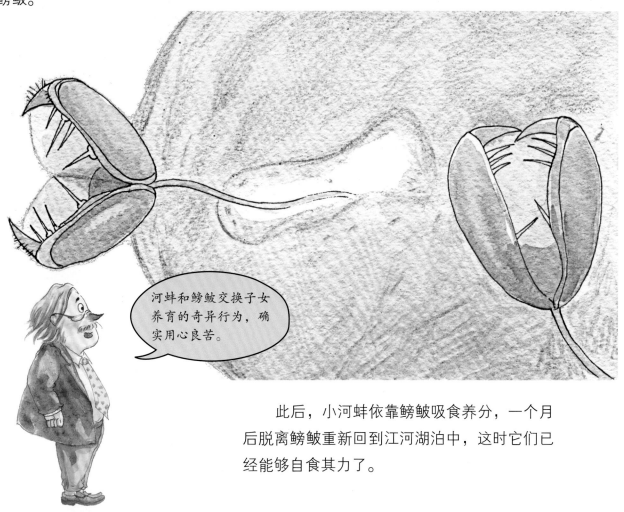

河蚌和鳑鲏交换子女养育的奇异行为，确实用心良苦。

此后，小河蚌依靠鳑鲏吸食养分，一个月后脱离鳑鲏重新回到江河湖泊中，这时它们已经能够自食其力了。

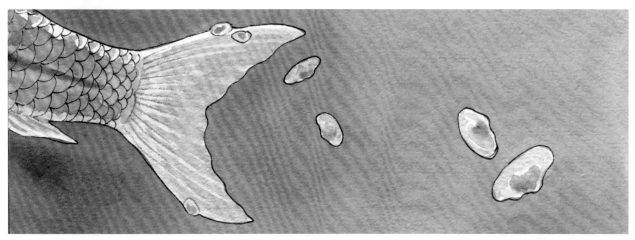

河蚌这样的行为是为了避免同类过于密集，导致食物不足和生活空间狭小。为了提高孩子的生存率，只能把自己的孩子交给鳑鲏抚养，这样孩子才能在更广阔的空间里生存。

▶ 骑着翻车鱼去晒太阳

在海里生活着一种奇特的白色半截鱼，由于喜欢翻躺在水面上晒太阳，所以被人们戏称为"翻车鱼"。这种鱼的体形又扁又圆，酷似一个大碟子。它的背部和腹部各长了一个又尖又长的鳍，并且尾鳍极短。

翻车鱼的主食是水母，喜欢在有太阳的天气里浮出水面午睡。圆嘟嘟的身子随波逐流，任由饥饿的海鸥飞过来，去啄食它身上的寄生物。

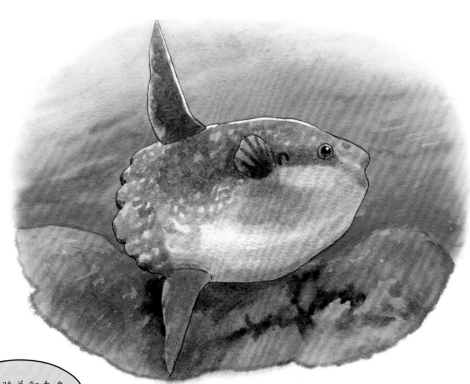

好想骑着翻车鱼去晒太阳啊！

最大的翻车鱼体长5.5米，体重1吨，身上坐18个年轻人还绰绰有余。

这种鱼的性情温顺，夜光虫喜欢围绕着它，使它在夜晚的海洋里闪闪发光，就如月亮的影子倒映在海面上，故而它又有"月亮鱼"的美称。

▶ 行走在海底的"旱鸭子"

生活在海里的鱼类也有不会游泳、只会在海底步行的。生活在科隆群岛海域的红唇蝙蝠鱼就是这样的异类。

连我都会游泳，身为一条鱼居然不会游泳！

红唇蝙蝠鱼具有扁平宽大的身躯，真正使它闻名的是怪异的"烈焰红唇"和特别的长相。蝙蝠鱼的背鳍呈棘状突起，有一个大头，常年利用四条胸鳍在海底"行走"，这是由于它的游泳能力真的很差。

蝙蝠鱼常在沙滩或海底漫步，主食是虾、软体动物、小鱼、螃蟹和最爱的"海藻沙拉"。它是能有效抑制海藻过度生长的众多鱼类中的一种。

▶ 鲸鱼的巨口自带过滤刷

　　鲸鱼的嘴巴里有一把大大的梳子，叫作鲸须，它是用来滤食的工具。鲸鱼每次都会张开巨大的嘴巴，吸一大口海水。水里面有许多浮游生物、磷虾和小鱼。鲸鱼把海水吐出时，鲸须板阻挡着美食，鲸鱼就能饱餐一顿了。

　　不同鲸鱼的鲸须长度和数量也会不同，一头座头鲸可以长出 800 个鲸须板。人类在鲸鱼的鲸须板中得到灵感，制造出了空气过滤装置，能够过滤掉空气中的污染粉尘和细菌。

▶ 会爬树的攀木鱼

攀木鱼又叫龟壳攀鲈，生长在江河下游的湿地或池塘中。这个独特的名字来源于它的爬树神功，这是一种能用腹鳍的刺扎进棕榈树的树干进行攀爬的鱼类，非常罕见。

攀木鱼象征着生命的顽强不屈呀！

每当遇上干旱，或者是池塘的水污染严重，攀木鱼就会在晚上从水里爬行到陆地，进行大迁徙。它先张开鳃盖，用上面的刺在地上托住自己，然后来回摆动尾巴，再用肛鳍上的刺支撑着向前推进，整套动作一气呵成。

攀木鱼能在陆地上短暂生存，全靠鱼鳃上的几枚薄膜组成的迷路状器官，这个器官让它能用嘴巴呼吸空气。

攀木鱼的方位感良好，水里和陆地的光线折射是不一样的，但它的视觉系统居然能无缝转变，这在鱼类中是极其罕见的。

第 **6** 节　小昆虫的大世界

▶ 蚂蚁的奶妈——蚜虫

　　如果一株植物上出现了蚜虫，那附近一定会有不少蚂蚁。蚜虫最爱吸食植物的汁液，奇特的是，它们排出的粪便含有丰富的糖，被称为"蜜露"。这种亮晶晶的物质是蚂蚁的最爱，所以蚂蚁总是追着蚜虫走。

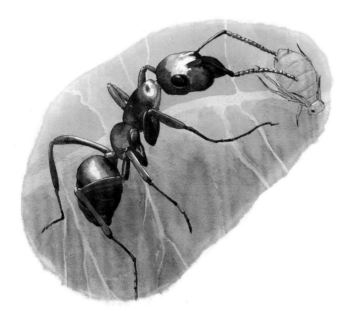

　　为了能吃到更多甜甜的"蜜露"，蚂蚁会用触角轻轻拍打蚜虫的背部，似乎在对它说"再来点儿呗"。人们戏称蚂蚁的举动为"挤奶"，更把蚜虫比喻成蚂蚁专属的"奶妈"。

扫码领取

- ⊘ 科学实验室
- ⊘ 科学小知识
- ⊘ 科学展示圈
- ⊘ 每日阅读打卡

　　为了长久地享用美食，蚂蚁更是把蚜虫饲养起来。春暖花开之际，蚂蚁找到一处植物后，会用颚牢牢地叼住蚜虫，把它运送到植物上。蚜虫则听话地缩起脚肢，任由蚂蚁"放牧"。

▶ 屁股爱"爆炸"的甲虫

在昆虫界的毒气散布者中，最臭名昭著的是耶气步甲。它们喜欢生活在平地潮湿的石头下面，行走速度飞快，经常偷袭毛虫和青虫。

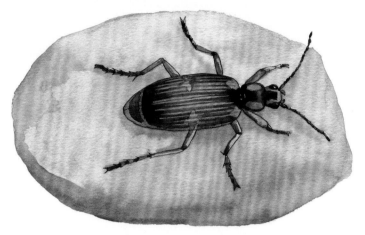

耶气步甲不能飞翔，但是它有让敌人闻风丧胆的"爆炸绝技"。遇到敌人时，它会发出类似爆炸的声音，这是利用腹部末节左右腺体中分泌的物质进行爆炸。

这种液体能瞬间散发出一片黄色的烟雾，急速地弥漫在空气中，臭味极其刺鼻。耶气步甲一次能连着放 29 个"屁"，几乎所有昆虫都不是它的对手，掠食的螳螂和蜘蛛都被它击退了。

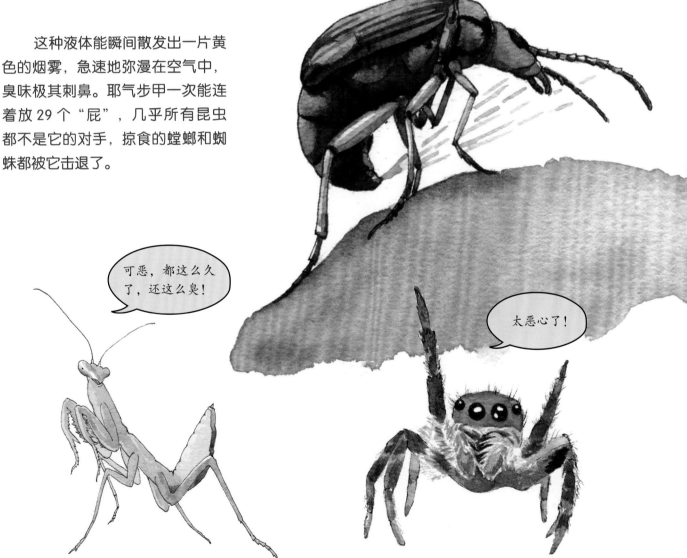

可恶，都这么久了，还这么臭！

太恶心了！

▶ 能耐 300℃ 高温的蜘蛛丝

　　蜘蛛是地球上古老的物种之一，它依靠独特的吐丝能力和蛛丝强大的性能来适应地球上的环境。蜘蛛丝在 300℃ 以上才会变黄分解，在 −40℃ 时仍然富有弹性。

　　蜘蛛丝里奇妙的弹簧式分子结构，是它坚韧而富有弹性的秘密。根据蜘蛛丝的这种特性，科学家用蜘蛛丝纤维做成了防弹衣。未来可能出现用高性能人工蜘蛛丝制成的"蜘蛛网"，这种网甚至可以拦截飞行中的战斗机。

蜘蛛的一生都离不开蜘蛛丝，它们用蜘蛛丝织网捕猎。

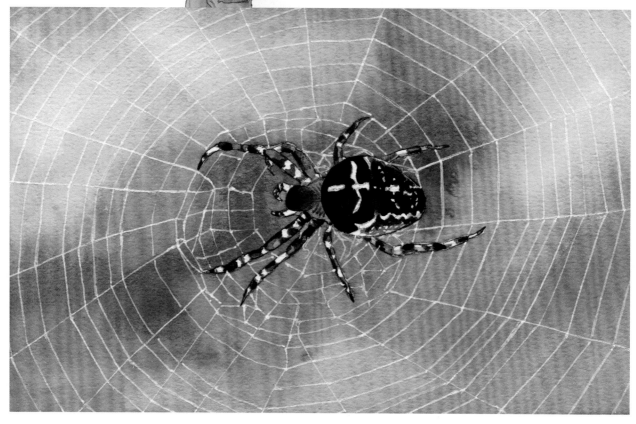

看清楚，那只是猫头鹰蝶而已。

看！那有条蛇！

▶ 将蛹伪装成毒蛇头的猫头鹰蝶

　　说到昆虫界里的伪装大师，就不得不提起猫头鹰蝶了。这是一种无害的飞虫，拥有令人惊奇的生存技能。在结蛹期，为了保护自己，猫头鹰蝶会把蛹伪装成毒蛇头的样子，来吓退捕食者。

　　猫头鹰蝶原产于特立尼达岛，幼虫蜕完皮就会换上毒蛇的装扮，进入13天的蛹期。最特别的是，在蛹里的幼虫并没有进入沉睡状态，而是保持着感知外部世界的警觉，在敌人靠近的时候会大幅度前后摇动蛹壳，就像是一条毒蛇在移动，准备发起攻击。

▶ 透明蜗牛

在克罗地亚深达 980 米的地下洞穴中，生存着一种全身透明的蜗牛。它们的壳长不到 2 毫米，比沙砾大不了多少。透明蜗牛的外壳像玻璃一样晶莹剔透，透过外壳可以清楚地看到壳内的肉体。

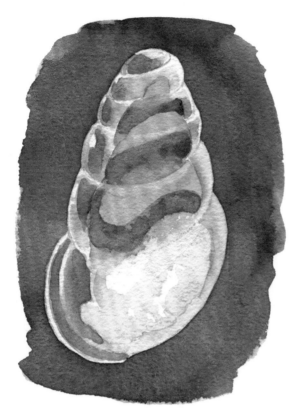

深海里也有不少动物是透明的，这与它们吃的食物有关。动物的颜色大多来自植物中的色素。在深深的地底或者海洋里，没有阳光，基本不存在植物，所以那里的动物就难以从食物中获取色素。

透明蜗牛的食物是水流中的细菌或有机质微粒，完全没有色素。由于生存在如此幽暗的环境中，并不需要眼睛去感知光线，所以透明蜗牛的眼睛也退化了。

在深海里，也生存着不少透明生物，透明的鱼、虾和章鱼等。

▶ 带着"头冠"的伪装虫

夏季是蝉类昆虫出没的旺季。角蝉由于外形怪异而被称为"刺虫"，它们头上长有角一样的突出物，就像戴上了一个特殊的"桂冠"。

哪有穿鞋子的大树?

我是一棵大树，你看不见我!

角蝉的角是由胸部的前胸背板构成，是其伪装的装备。它们深谙模仿艺术，会模仿成树枝，肉眼难以分辨真伪。最令人难以置信的是，当几只、十几只角蝉停栖在同一根枝杈上时，还会等距排开，看上去就如同真正的小树杈一样。

角蝉用这样逼真的拟态伪装模仿周围环境，能轻易地骗过敌害，保护自己。万一被敌人识破了伪装，角蝉就会借助有力的后腿弹跳起来，迅速逃走。

第 **7** 节　动物的智慧是无穷的

▶ 高速列车的灵感来自猫头鹰的翅膀

人类从动物的身上得到了不少科学启发，而且有不少已经应用到实际中。比如我们乘坐的高速列车，就是借鉴了猫头鹰身上的一件"法宝"才研制成功的。

> 动物有敏锐的直觉，不光依靠视觉、听觉、嗅觉，就连空气流动的异常都能让动物提高警惕。

> 猫头鹰的翅膀真是太奇妙了！

元宇宙图书时代已到来
快来加入XR科学世界！
见此图标 🔡 微信扫码

列车在高速运行的时候会发出巨大的噪声，这对居住在轨道两旁的居民和动物是一场噪声灾难。如何去解决这个问题呢？科学家借鉴了猫头鹰翅膀的结构，完成了降低列车噪声的研究。猫头鹰在夜晚活动时总是寂静无声，这是由于它翅膀表面的羽毛像小锯齿一样紧密地排列在一起，减少了空气的振动，即使扑扇翅膀也不会发出巨大的风声，这能帮助它悄无声息地捕捉猎物。

▶ 动物中的"诈死专家"

　　动物界的欺骗大师非负鼠莫属，这种酷似老鼠的动物只要感觉到危险就会立即倒地装死，异常逼真。敌人看着它张开的嘴巴，伸长的舌头和僵硬的身体，无不被吓一跳。在这时，负鼠就会一跃而起，逃之夭夭。

　　负鼠的"演技"如此高超，是借助了"药物"的作用。负鼠在遭到袭击的时候，体内会快速分泌一种麻痹物质，使它立即失去知觉，摔倒在地。所以，装死是它的一种特殊自卫本能。

　　很多科学家曾认为负鼠其实并不是在装死，而是真的被掠食者吓晕了。然而，当他们对负鼠进行活体脑测试后，发现负鼠处于"装死"状态时，大脑仍保持着高速活动。因此，它是名副其实地装死。

▶ 能够精准定位的小蚂蚁

　　蚂蚁生活在一个非常有组织的大家庭中，每个成员都有各自的工作。其中负责觅食的工蚁有着惊人的定向能力。在外出觅食的时候，哪怕是离巢几百米，地形超级复杂，小小的工蚁也绝对不会迷路。

　　蚂蚁不会发声，伙伴间的交流基本依靠头上的两根触角。它们的触角上长着灵敏的嗅觉器官，可以分辨气味、传递信息等。所以人们一直以为工蚁是靠其他伙伴们留下的标记或者辨认太阳的方位来记路的。

当科学家把工蚁放到黑暗的盒子里，没有太阳和任何标记物，工蚁照样能很快找到逃出去的正确方向。这说明，在不熟悉的环境中，工蚁能依靠记忆力来认路，而且不会出现任何差错。

科学家早晨将蚂蚁关起来，傍晚再放出去，蚂蚁也能顺利找到回家的路。事实证明，蚂蚁能够记住太阳在一天内所经过的路线。蚂蚁的身体自带神奇的时钟路线，弥补了视觉的不足，能够找到正确的回家方向，让人赞叹。

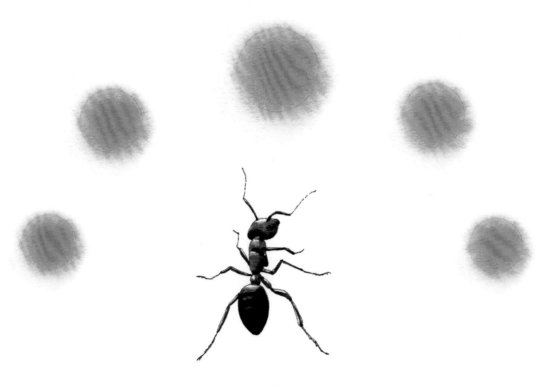

▶ "数学天才" 小蜜蜂

在动物界中，蜜蜂是大名鼎鼎的数学家，它们的行为中包含许多数学原理。首先是精准的角度计算能力，无论春夏还是晴雨，只要太阳升起与地平线呈30°角时，侦察蜂就会倾巢出动去寻找蜜源。

昆虫学家曾在蜂巢和蜜源间设置了4个等距的帐篷，训练蜜蜂每天去蜜源采蜜。某天他们特意增加了帐篷的数量和距离，但蜂群们仍然是不多不少地飞过4个帐篷去寻找蜜源。

蜜蜂会跳舞已经不新鲜了，但舞蹈的次数却体现了蜜蜂惊人的数学才能。侦察蜂发现蜜源后，就会通过圆形舞或者"8"字舞来告诉同伴蜜源的方向，在固定时间内"8"字舞的次数表示了蜜源的距离。

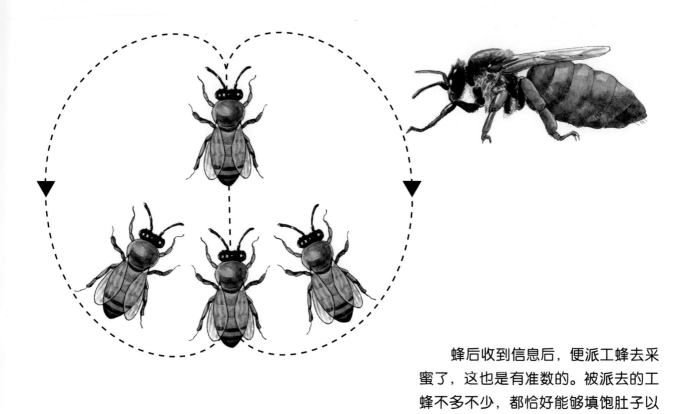

蜂后收到信息后，便派工蜂去采蜜了，这也是有准数的。被派去的工蜂不多不少，都恰好能够填饱肚子以后再回巢酿蜜。

最让人赞叹的是工蜂建造的蜂巢，运用了复杂的几何知识。蜂巢由多个等边的六棱柱体组成，每个蜂房的巢壁厚 0.073 毫米，误差极小。科学家测量出组成底盘的六边形钝角都为 109° 28'，锐角都是 70° 32'。

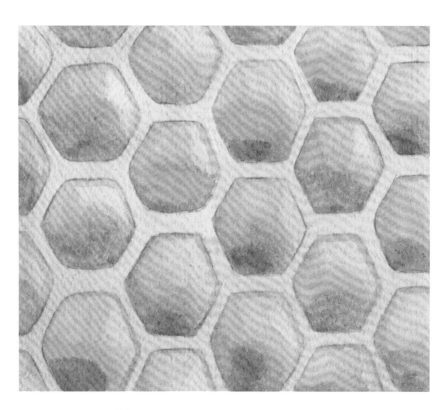

第 8 节 你见过死而复生的动物吗

▶ 断肢逃生算什么，看片蛭的自我复生

片蛭又叫涡虫，是一种低等的动物，但它却有一个神奇的技能——再生。将片蛭切成几段，它的断面便能迅速再长出头尾来，而且能够识别哪一边应该长头，哪一边应该长尾巴。

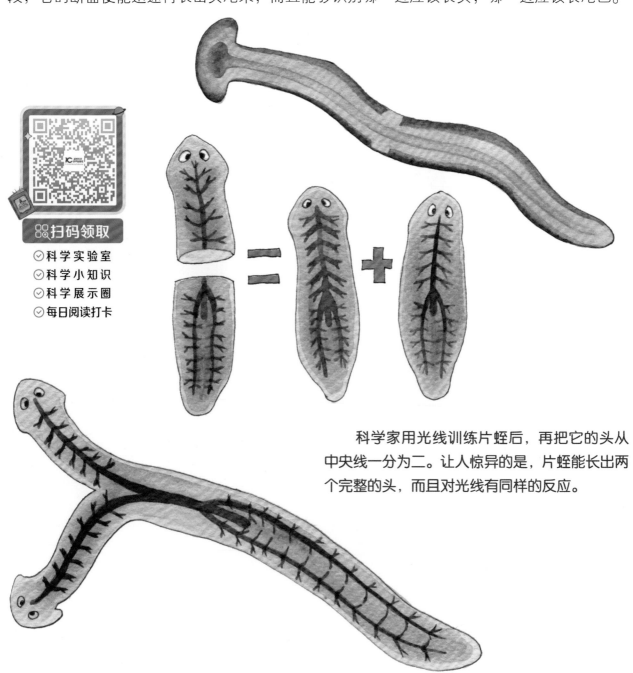

科学家用光线训练片蛭后，再把它的头从中央线一分为二。让人惊异的是，片蛭能长出两个完整的头，而且对光线有同样的反应。

▶海星是几乎不死的生物

海星是海洋中几乎不死的一种另类生物，和片蛭一样，它拥有神奇的再生能力。无论是腕足，还是体盘，在受到损伤后，都能够再长出来。如果把它切成五块，就能重新长出五只海星。有些种类的海星还通过这种超强的再生方式演变出了无性繁殖的能力。

难道海星永远不死吗？不，要杀死海星只要把它拿到岸上去暴晒脱水就可以了。

海星至少要有一个完整的器官才能再生。如果将它们剁碎了，它们就无法再生了。

▶人类的再生能力

其实人体也有部分器官拥有再生能力，比如构成皮肤、头发、手指甲、脚指甲的细胞都能够分裂，继续生长。而我们血液中的红细胞和白细胞等也能分裂，有一定的再生能力，所以我们必须剪指甲、理发。受到外伤后，伤口也会慢慢愈合。

▶ 用鲸鱼的耳屎和海豹的牙齿来推算年龄

鲸鱼是一种长寿的动物。有科学研究表明，长须鲸的寿命在 90~100 年之间。但是，被研究的鲸鱼很多不是自然死亡的，而是病死或者搁浅到海岸上的。如果鲸鱼能够享尽天年，说不定真的能活几百年呢！

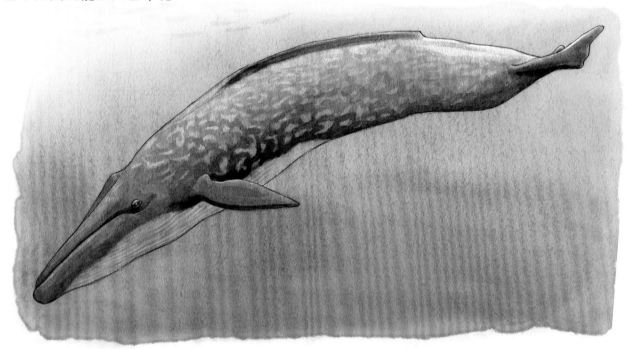

那么它们的年龄是如何推算的呢？原来，鲸鱼的耳鼓膜里的耳垢能像年轮一样积累。因此，只要数一数耳垢的圈数，就能够知道鲸鱼的年龄了。

拿手电照照看，我有没有耳垢啊！

我才不要！

海豹像人类一样，拥有许多牙齿，但它的牙齿只用来捕捉啃咬猎物，它们捕到食物以后并不爱咀嚼，经常整个囫囵吞下。

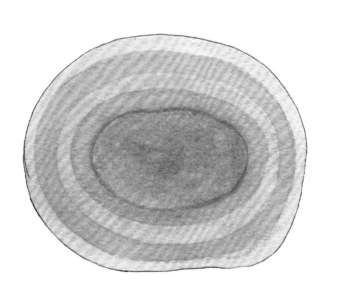

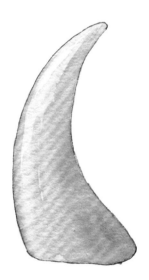

海豹的牙齿还有一种特殊的作用，就是它们每年会长出一圈像年轮一样的东西，所以观察海豹牙齿的横截面，就能计算出它们的年龄。

第 9 节 你意想不到的 "狠角色"

▶ 没有翅膀却会飞的 "三栖" 动物——飞蛙

印度尼西亚的飞蛙喜欢生活在树上，它下树的姿势特别酷。在热带雨林上空，常能见到飞蛙跳到空中，完全伸展四肢，"嗖"地滑翔下来。这是它的独门绝技，由此它被称为 "降落伞蛙"。

> 飞蛙的后足关节外侧有尾翼一样的飞膜。

飞蛙前足的内外侧都长有鼓成半圆形的飞膜，指缝间有宽大的蹼，这些特殊 "装备" 让它在飞跃时能增大空气阻力，就像个鼓满风的降落伞，缓冲降落的速度。

飞蛙的脚上有吸盘，在遇到蛇、鸟等天敌时，无法从树上快速逃命。为了应对天敌，飞蛙在长期的演变中，逐渐练就了这套逃生的特技。

元宇宙图书时代已到来
快来加入XR科学世界！
见此图标 微信扫码

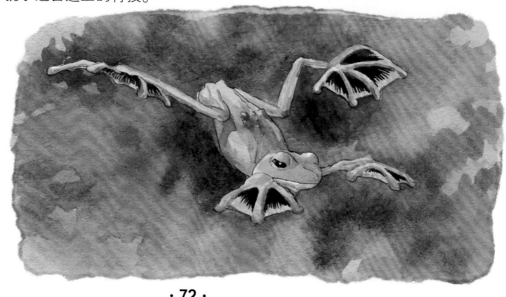

▶ 比食人鱼还可怕的鱼

　　七鳃鳗的外表有点吓人，它的眼睛加上 7 对外鳃孔，看起来就像长了 8 对眼睛，所以被称为"八目鱼"。这种鱼没有下颌，嘴巴呈吸盘状或裂孔状，属于圆口类。

　　七鳃鳗的侵略性极强，曾经它差点吃光了北美五大湖的鱼类。

　　弯弯曲曲的七鳃鳗有 60 厘米长，常追着大马哈鱼跑，鳟鱼、鳕鱼、鲱鱼和比目鱼也在它的食单里。

　　太可怕了，七鳃鳗是鱼类里的"吸血鬼"！

　　七鳃鳗咬破敌人的身体后，会从口腔腺内流出含抗凝素的腺液，阻止对方的血液凝固，接着用毒液溶化血肉，让鱼类变成"饮料"，供其慢慢吸食。

▶ 迷幻躄鱼

在印度尼西亚的巴厘岛附近，有一种奇特的迷幻躄鱼，它全身遍布迷彩粉色和白色条纹，非常漂亮。迷幻躄鱼虽然看起来肉嘟嘟的，却是藏匿和逃脱的高手。它全身遍布的呈放射状的粉色和白色条纹是一种保护色，这使迷幻躄鱼混迹在五颜六色有毒的珊瑚丛中通常很难被发现。

迷幻躄鱼的绝技是逃脱。通常它们会将面部像喇叭一样突然扩张再收起，整个身体也会像皮球一样从海底弹起，然后迅速地大幅度扭曲自己的身体，钻进海底岩石裂缝中。

迷幻躄鱼的腹鳍和人类的手一样，通常用来探索环境。

　　常见的青蛙都是吃小飞虫的,但在非洲有一种凶猛的牛箱头蛙,食物包括昆虫、小鸟、蜥蜴、老鼠等,甚至会同类相食。牛箱头蛙的体形巨大,性情凶猛。庞大的身躯让它傲视蛙群。而且嘴中长有突出的利齿,弹跳能够达到3米,所以很多经过眼前的活物几乎都难逃它的捕杀。

块头这么大,比我跳得高太多了!

　　牛箱头蛙的食量和它的体形匹配。为了更快填饱肚子,它们喜爱将猎物整个吞下,甚至能在几分钟内活活吞下一只硕大的老鼠。

■为什么昆虫永远也长不大

昆虫的外骨骼和腿支撑不了变大后的躯体。对体积小的昆虫来说，外骨骼是较坚硬的，变大后外骨骼就会显得脆弱，失去原有的保护作用，而失去外骨骼保护的昆虫脆弱得根本无法活下去。因此，优胜劣汰让昆虫一直保持着小小的身体。

☆为什么虫子有很多条腿

虫子有很多条腿，是为了跑得快。对于大多数虫子来说，腿多可以帮它们逃脱多种困境，比如它们可以轻而易举地从敌人身边逃走或跳开。

●为什么大多数毛虫身上长着毒刺

毛虫身上的毒刺可以保护自己。例如红带袖蝶毛虫，因为吃西番莲的叶子，它的身体里产生了毒素，这种毒素可以防止自己被鸟儿吃掉。鞍背刺蛾毛虫的颜色和外形都很抢眼，鸟儿如果咬过一口它有毒的脊背，一辈子都难以忘记那可怕的滋味。

○为什么蚯蚓是植物的好朋友

蚯蚓生活在土壤中，以地面上的落叶或土壤中的腐烂有机物为食。蚯蚓的粪便中含有丰富的矿物质，不仅是农作物的好养料，还可以使土壤中的肥力大大增加。此外，蚯蚓在土壤中钻来钻去，使土壤变得更松软，改良了土壤的结构，增加了通气性，有利于植物根系的生长发育。

◆蜈蚣究竟长了多少只脚

蜈蚣又叫"百足虫"，它是不是真的有100只脚呢？实际上，药用蜈蚣只有21对步足和1对颚足。有一种叫"钱串子"的动物，只有15对步足和1对颚足。"石蜈蚣"只有15对步足。还有些步足又短又多的蜈蚣，有42对足。

△为什么蜗牛爬过后会有亮亮的痕迹

蜗牛爬行的时候，会用腹足紧贴住物体，靠腹部肌肉的伸缩起伏，慢慢向前移动。它的腹足下面有好多腺体，爬行时会分泌出一种黏液，帮助蜗牛爬得快些。这种黏液很像胶水，一遇到空气，会马上变得干燥发亮。

◇为什么蝴蝶飞舞时没有声音

苍蝇飞行时，每秒钟振动翅膀 150 ~ 250 次；蚊子飞行时，每秒钟振翅约 600 次；蜜蜂飞行时，每秒钟振翅约 300 次。可是蝴蝶飞行时，每秒钟振翅只有 3~5 次。因为翅膀振动的频率越高，产生的声波就越强烈。所以苍蝇、蚊子、蜜蜂等昆虫飞行时会发出"嗡嗡"的声音，而蝴蝶飞舞时却没有声音。

▲为什么蜻蜓要点水

飞行中的蜻蜓会突然冲向水面，尾部触水后又迅速飞起，这就是人们说的"蜻蜓点水"。其实这是雌蜻蜓在产卵。蜻蜓卵是在水中孵化的，孵化出的蜻蜓宝宝要在水中生活一两年，长大了，蜕了皮，才能变成蜻蜓，飞向天空。蜻蜓点水，其实就是在水面生宝宝呢。

□为什么萤火虫会闪闪发光

萤火虫的腹部末端有一个发光器，分别有发光层和反射层。发光层呈黄白色，有一种叫荧光素的蛋白质发光物质。当萤火虫呼吸时，这种荧光素和吸进的氧气氧化合成荧光素酶，于是，萤火虫的尾部就会一闪一闪地发光了。